Louis Figuier

Les Locomobiles

Les Merveilles de la science

ISBN : 978-1519169730

10 9 8 7 6 5 4 3 2 1

Louis Figuier

Les
Locomobiles

Les Merveilles de la science

Table de Matières

Les Locomobiles

Une exploitation rurale ne diffère en rien, par son objet essentiel, d'un établissement d'industrie. Dans une ferme, comme dans une manufacture, on se propose de faire subir à la matière, grâce au concours des forces naturelles, certaines transformations, qui ont pour résultat d'augmenter la valeur première des produits mis en œuvre. Fabriquer ou tisser les étoffes, les teindre de couleurs variées ; — extraire de leurs gisements les produits métallurgiques ; — façonner, sous mille formes, le bois, la pierre et les métaux ; — préparer ou décorer le verre, les poteries, les porcelaines et les cristaux ; — fabriquer les machines et les outils employés dans les ateliers ; — en un mot, créer les innombrables produits de l'industrie manufacturière, ou bien diriger avec intelligence les forces naturelles du sol, des eaux, des amendements et des engrais, pour multiplier la semence confiée à la terre, tout cela revient, en définitive, à accroître la valeur primitive des matériaux employés. On a de bonne heure compris, dans l'industrie, tous les avantages que présente la substitution des machines au travail manuel ; et l'introduction des appareils mécaniques dans les ateliers et les manufactures, a imprimé à leur production une activité prodigieuse, qui a centuplé les forces, les ressources et les richesses de la société. Mais ces machines, qui ont amené dans l'industrie une telle transformation, ne peuvent-elles s'appliquer, avec les mêmes avantages, aux travaux des campagnes ; et puisque ces deux exploitations ne diffèrent point dans leur objet essentiel, ne peut-on consacrer le même genre d'instrument à leur service ?

Le raisonnement conduit à admettre que les bons résultats qui ont été obtenus, dans l'industrie, de l'emploi des machines, doivent se reproduire dans l'agriculture, si l'on tient compte, avec discernement, des conditions spéciales de ce dernier genre de travail.

Le peuple américain a été le premier frappé de la justesse de ces vues. Dans ces régions immenses, des espaces sans limites s'offraient à l'exploitation agricole. La population était peu nombreuse et disséminée sur un territoire étendu, ce qui élevait le prix de la main-d'œuvre et rendait les moyens de transport difficiles et coûteux. Ainsi, tout concourait à prescrire l'emploi des machines pour les travaux de l'agriculture. Grâce à son esprit industrieux et actif, la population des États-Unis a mis promptement cette idée à exécution, et dès le début de notre siècle, la grande culture commença de s'exercer sur le sol américain, au moyen de divers appareils mécaniques, qui ne laissaient au labeur de l'homme qu'une très-faible part.

La machine à vapeur, le plus puissant et le plus économique de tous les moteurs connus, fut donc consacrée, dans les principaux États de l'Union américaine, aux opérations agricoles, et elle y rendit de très-importants services.

L'Angleterre n'a pas tardé à suivre les États-Unis dans cette voie nouvelle, poussée d'ailleurs, dans cette direction, par les conditions toutes particulières de sa division territoriale. La propriété agricole est concentrée, en Angleterre, en un petit nombre de mains, et elle dispose de capitaux considérables. Cette double circonstance rendait facile et avantageux à la fois, l'emploi des machines pour le travail des champs. Aussi, dans ces vastes fermes, apanage héréditaire des grandes familles du pays, les instruments mécaniques ont-ils été appliqués de bonne heure, aux travaux de l'agriculture. Dans les riches plaines des principaux comtés de la Grande-Bretagne, on voit, depuis un assez grand nombre d'années, les appareils mécaniques remplacer le travail de l'homme et des animaux, pour semer, moissonner et même labourer les champs, pour battre les gerbes à grains, exécuter les irrigations, distribuer les engrais, confectionner les tuyaux de drainage, etc.

L'emploi des machines agricoles, qui a produit de si importants résultats aux États-Unis et en Angleterre, ne saurait-il offrir les mêmes avantages à la France ? Cette opinion a été longtemps soutenue par les hommes les plus instruits, et par les partisans les plus éclairés du progrès. Avec cette infinie division du sol, qui constitue une des forces de notre pays, avec le prix, relativement peu élevé, de la main-d'œuvre, comparé surtout à la cherté des appareils mécaniques, on a pu jusqu'à ces derniers temps, rejeter, par des motifs plausibles, l'usage des machines dans le travail agricole. Mais ces motifs ont perdu une partie de leur valeur, par suite des nouveaux traités de commerce. L'abaissement du prix des appareils mécaniques, a fait disparaître la plus sérieuse de ces difficultés. Dès lors quelques machines ont pu être essayées dans la grande culture, et l'on a déterminé, par l'expérience, dans quelles conditions on pourrait appliquer à notre agriculture les procédés et les instruments mécaniques empruntés aux nations étrangères.

À la suite de ces premières tentatives, dont le résultat s'est montré satisfaisant, le rôle des machines agricoles a pris, dans quelques départements du nord de la France, une certaine extension.

Parmi les appareils mécaniques qui tendent à se répandre dans l'agriculture française, la machine à vapeur se place au premier rang, grâce à l'universalité de ses emplois. On est parvenu, aux États-Unis et en Angleterre, à la réduire à une forme extrêmement simple et commode, pour son emploi dans l'agriculture. On désigne cette variété particulière de la machine à vapeur, sous le nom de *machine locomobile*, pour rappeler qu'elle a pour caractère essentiel de pouvoir être transportée d'un lieu à un autre.

Une *locomobile* est donc une machine à vapeur *ambulante*, susceptible d'exécuter diverses opérations mécaniques qui sont nécessitées par les besoins de l'industrie et de l'agriculture. Elle peut servir à battre les gerbes à grains, à manœuvrer des pompes, à faire marcher un moulin, un crible, un pressoir, un hache-paille, un coupe-racines ; à fabriquer des tuyaux de drainage, à faire marcher une distillerie, à broyer les os, à traîner le rouleau destiné à égaliser une chaussée, enfin à exécuter toute action qui demande un moteur, et à remplacer un manège. Son emploi s'est beaucoup généralisé pour remplacer les moteurs hydrauliques, en temps de sécheresse.

Depuis que l'usage des locomobiles s'est vulgarisé, on les emploie un peu partout, non-seulement dans l'agriculture, mais encore dans les usines et dans les travaux publics, jusque dans les rues les plus fréquentées des villes.

Les entrepreneurs de travaux publics trouvent dans ces moteurs un secours précieux pour effectuer rapidement le broyage des mortiers, la construction des tunnels, l'épuisement des eaux, l'élévation des matériaux, le battage des pilotis, le dragage des canaux sans interrompre la navigation, etc., etc.

Il nous suffira, pour montrer la multiplicité des services qu'elles sont destinées à rendre, de citer, avec M. Calla, l'exemple suivant.

Une locomobile de la force de 6 chevaux, a permis d'effectuer, sur trois points différents, et distants de 1 à 2 kilomètres, les ouvrages suivants : dans une fonderie, elle a fait mouvoir la soufflerie ; sur un quai, elle a manœuvré des pompes d'épuisement ; dans un atelier de construction de machines, et pendant la nuit, elle a fait marcher les outils d'ajustage.

De tels exemples abondent, et suffisent pour faire entrevoir le grand rôle que ces moteurs portatifs sont appelés à jouer dans toutes les exploitations et dans les travaux publics, lorsque leur construction sera devenue moins délicate et moins coûteuse. On pourra alors songer à les louer à l'heure, comme on loue des chevaux ou des hommes de peine, et à les mettre ainsi, dans les villes et dans les campagnes, à la portée de tous, en confiant leur direction à un conducteur expérimenté.

On peut construire des locomobiles de toute puissance et pour tout usage. Elles n'ont d'ordinaire qu'une force de 4 à 8 chevaux, cependant on en vit une, au concours agricole tenu à Paris en 1860, qui était d'une force de 20 chevaux. Une autre, exposée par M. Calla, était de la force nominale de 45 chevaux.

Il est donc nécessaire de distinguer la *locomobile industrielle*, ou locomobile des usines, de la *locomobile agricole* ou *rurale*, que l'on nomme en Angleterre,*portable farm-engine*.

La *locomobile industrielle*, placée sous la direction d'un ingénieur, comporte les agencements perfectionnés et économiques des machines d'usine, qu'elle doit égaler en régularité et en précision. La faculté d'être ambulante n'est plus, dans ce cas, essentielle. La machine ne se déplace guère qu'entre des lieux rapprochés, ou qui jouissent d'excellentes routes.

Aussi, pour faciliter la traction de ces grosses locomobiles, les rend-on, depuis quelque temps, automotrices, au lieu de les faire simplement traîner sur un chariot par des chevaux. La machine, préalablement chauffée et mise en pression, vient mettre elle-même en action les roues du véhicule, à l'aide d'une bielle, qu'on enlève ensuite, ou bien à l'aide d'une chaîne sans fin engrenant avec un pignon, monté sur l'arbre du moteur. La machine peut alors marcher sur les routes, comme une locomotive sur les rails.

Dans le plus grand nombre de cas pourtant, on attelle un ou deux chevaux à la locomobile pour la transporter. On fait voyager ainsi sur de bonnes routes, des machines qui pèsent jusqu'à 10 tonnes.

Parmi les *locomobiles industrielles*, ou *locomobiles d'usine*, nous citerons, en raison de son élégance et des avantages de son usage pratique, celle que construit depuis quelques années, à Paris, M. Hermann-Lachapelle.

Ce constructeur s'est proposé surtout de séparer la chaudière du mécanisme, en d'autres termes, d'éviter la disposition vicieuse que présentent les locomobiles agricoles, dans lesquelles la chaudière porte tout le poids du mécanisme moteur. Il a réalisé ces conditions dans une machine qui est aujourd'hui très-répandue dans les usines de Paris, et que l'on connaît sous le nom *de machine à vapeur transportable*.

La figure 206 représente cette machine.

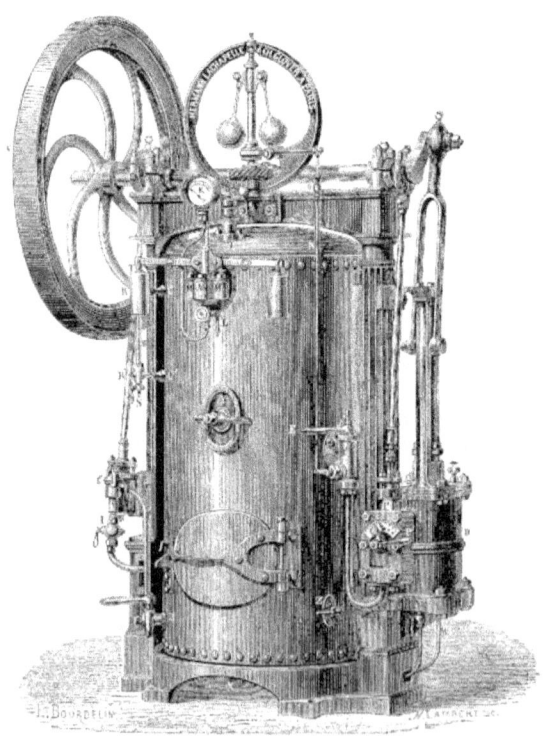

Fig. 206. — Machine à vapeur transportable, ou locomobile industrielle de M. Hermann-Lachapelle.

Elle se compose d'un large cylindre, ou *socle-bâti*, contenant la chaudière, et de deux colonnes verticales, dont l'une porte le cylindre à vapeur, et l'autre la pompe alimentaire. Les chapiteaux des deux colonnes sont surmontés de paliers, dans lesquels fonctionne l'arbre moteur. Un large volant termine, à gauche, l'arbre moteur.

La chaudière n'est pas tubulaire : elle est à bouilleurs. Ces bouilleurs, au nombre de deux, se croisent à l'intérieur du foyer. Le feu est ainsi renfermé dans un foyer dont les parois sont baignées par l'eau.

Une explication sera nécessaire pour faire comprendre l'objet des principaux organes de cette machine, qui diffère, par sa forme, de toutes les machines à vapeur que nous avons fait passer sous les yeux de nos lecteurs.

Dans le socle-bâti qui forme la partie inférieure de la machine, se trouvent logés le foyer et la chaudière à bouilleurs. (Nous donnerons plus loin la coupe intérieure de cette chaudière.) Au milieu est le *trou d'homme*, Y, gros tampon *auto-clave*, qui ferme la chaudière. Au bas est un autre tampon *auto-clave*, Z, qui sert à vider ou à visiter le fond de la chaudière et les bouilleurs. La colonne de droite porte le cylindre à vapeur D, et le tiroir à vapeur PQ. La vapeur venant de la chaudière, s'introduit dans ce cylindre, par le tube F. Un robinet E, permet de suspendre à volonté, l'entrée de la vapeur dans le cylindre. Le tuyau d'échappement de la vapeur débouche dans la cheminée, pour activer le tirage, après avoir traversé l'eau d'alimentation de la chaudière, et avoir chauffé cette eau.

Dans la colonne de gauche, se voient, d'abord la pompe alimentaire G. Un *robinet d'aspiration* I, aspire l'eau contenue dans un réservoir, préalablement échauffé, comme nous l'avons dit, par la vapeur qui sort des cylindres, pour s'échapper dans la cheminée. B est le *niveau d'eau* ou *tube-jauge* en cristal, indiquant la hauteur de l'eau dans la chaudière. Il est pourvu d'un robinet inférieur S, destiné à s'assurer que le tube fonctionne bien.

M A M, sont les poids qui pressent la soupape de sûreté T ; K, le manomètre, pourvu de son cadran.

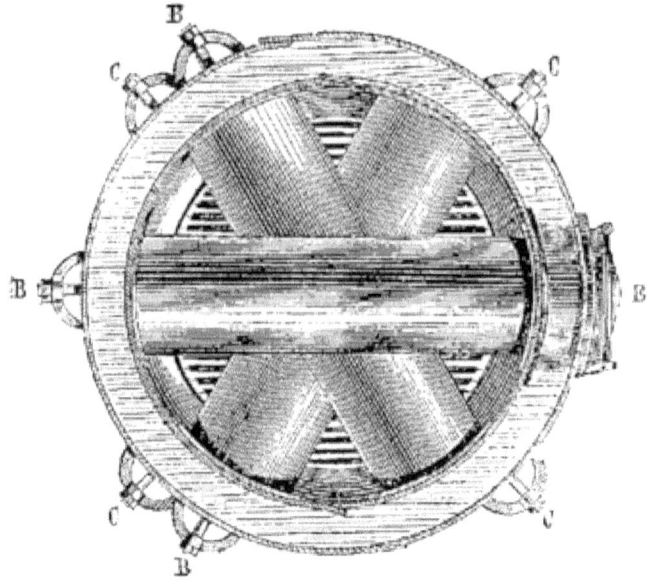

Fig. 207. — Coupe horizontale de la chaudière
à bouilleurs croisés de M. Hermann-Lachapelle.

B, autoclaves des bouilleurs. — C, autoclaves du bas de la
chaudière. — E, cadre et porte du foyer.

Sur l'entablement qui relie les deux colonnes, se voit l'arbre
moteur, qui tourne entre deux coussinets de bronze. La bielle
motrice articulée avec la tige du piston à vapeur, est pourvue d'une
manivelle qui fait tourner l'arbre moteur et le volant V, placé à
gauche.

Le *régulateur à boules* ou *régulateur de Watt*, est placé au milieu
de l'entablement des deux colonnes. Par la tige ON, cet appareil
règle l'entrée de la vapeur dans le cylindre D, grâce à la valvule
d'admission contenue dans le tube F, ainsi que nous l'avons expliqué
en décrivant les organes des machines à vapeur fixes.

La disposition intérieure du foyer et de la chaudière ne saurait se
comprendre sans une coupe verticale. La figure 208 représente cette
coupe. La légende qui l'accompagne fait parfaitement comprendre

la situation respective de l'eau et du combustible, c'est-à-dire le rapport des *bouilleurs* avec le foyer.

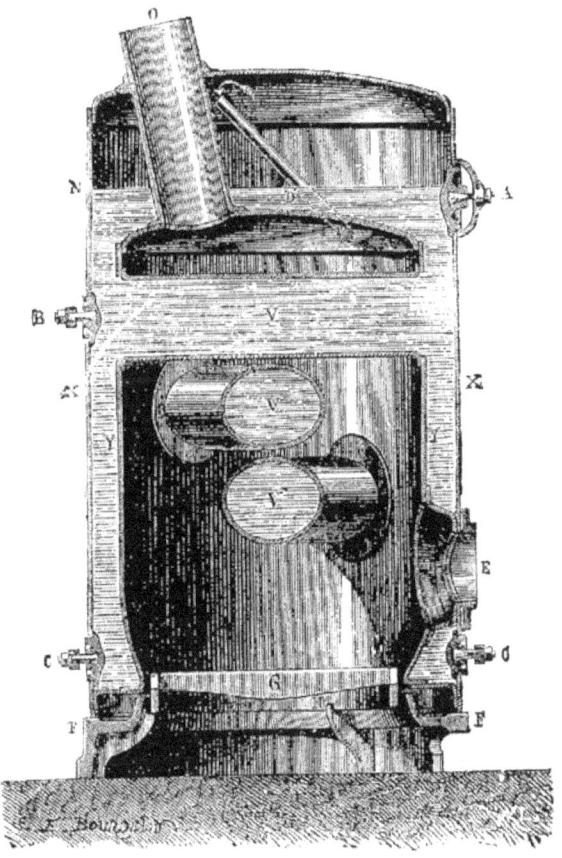

Fig. 208. — Coupe du foyer et de la chaudière à bouilleurs croisés de la locomobile industrielle de M. Hermann-Lachapelle.

A, grand autoclave du haut de la chaudière. — B, autoclave des bouilleurs. — C, C, autoclaves du bas de la chaudière. — D, tuyau de prise de vapeur. — E, porte du foyer, — F, socle du bâti servant d'assise à la chaudière et formant le corps du cendrier. — G, grille sur laquelle brûle le combustible. — N, niveau de l'eau dans la chaudière. — O, cheminée. — V, V, V, bouilleurs. — XX, corps de la chaudière. — Y, Y parois Intérieures de la chaudière formant le corps du foyer.

La seconde catégorie de locomobiles, est la *locomobile agricole*, ou *rurale*, qui présente bien moins de complication dans sa structure.

Dans les *locomobiles rurales*, l'appareil à vapeur est réduit à sa plus grande simplicité.

Cette condition était, en effet, essentielle. Destinée à être traînée partout, même dans les mauvais chemins de traverse des campagnes ; devant être mise en œuvre par des personnes peu expérimentées et d'une intelligence ordinaire ; enfin ne fonctionnant que par intervalles, et non d'une manière continue, la locomobile rurale demande une construction peu compliquée. Il faut lui donner une grande légèreté, et ne pas dépasser le poids de deux tonnes (2 000 kilogrammes), ou même s'il est possible, de 1 600 kilogrammes seulement. Il faut pouvoir, à chaque instant, la démonter, la remonter sans peine, la visiter pièce par pièce. Ses organes doivent être assez simples pour que le charron du village ou un serrurier intelligent, puissent exécuter presque toutes les réparations qu'elle demande. Il faut donc éviter les pièces de fonte, et n'employer que des dispositions mécaniques se comprenant à première vue. La locomobile rurale doit être, en un mot, parmi les machines à vapeur, ce qu'un *coucou* de la forêt Noire, est aux chronomètres : un outil grossier, mais commode. Elle ne doit pas avoir cette tendance à s'emporter que l'on rencontre dans beaucoup de machines fixes, et qui tient à la trop grande facilité de production de la vapeur. Une locomobile que le conducteur ne pourrait jamais abandonner des yeux, manquerait son but. L'économie d'eau et de combustible n'est ici qu'une question secondaire, à côté de la simplicité des organes.

La dernière condition que doit remplir la *locomobile rurale*, c'est d'être assez bien couverte, pour que son mécanisme soit à l'abri de la pluie, et protégé contre les avaries qui pourraient résulter de la malveillance ou de la curiosité des passants. Elle doit enfin, être assez solide, pour que l'on n'ait jamais à redouter un accident. Un seul malheur de ce genre suffirait peut-être, pour ôter aux locomobiles la confiance de tout un pays, grâce à ces bonnes gens, si nombreux, que la plus simple innovation étonne ou inquiète, et qui répugnent à faire ce que leurs pères n'ont jamais fait.

Louis Figuier

Toutes ces conditions sont réalisées dans les locomobiles qui sortent, aujourd'hui, des ateliers d'un grand nombre de constructeurs de Paris, de Lyon, de Nantes, de Clermont-Ferrand, etc.

Nous prendrons comme exemple, entre bien d'autres, pour décrire son mécanisme, le modèle de la locomobile que construit à Paris, M. Calla, et que l'on voit représentée dans la figure 209.

Fig. 209. — Locomobile de M. Calla.

A, cylindre à vapeur. — B, bielle ou tige du piston. — C, arbre moteur. — V, volant. — D, pompe alimentaire. — I, régulateur à boules de Watt. — E, tube aspirateur. — F, pomme d'arrosoir terminant le tube aspirateur et plongeant dans un seau d'eau. — G, tuyau de la cheminée. — H, brancard d'attelage pour un cheval.

Une locomobile est une machine à vapeur à haute pression. La vapeur est rejetée dans l'air après qu'elle a produit son effet sur le piston. C'est là une première et importante simplification, puisque la vapeur n'étant point condensée, on se débarrasse des divers organes qui servent, dans un grand nombre de machines fixes, à liquéfier la vapeur. Tout se réduit donc ici à une chaudière et à un cylindre, parcouru par un piston moteur. Le cylindre à vapeur est apparent dans la figure 209. On voit qu'il est disposé horizontalement, au-dessus du cylindre renfermant la chaudière.

La chaudière est construite dans le système tubulaire, comme celle des locomotives. Huit à dix tubes, destinés à être traversés par le courant d'air chaud qui s'échappe du foyer, sont disposés à l'intérieur du générateur, ce qui permet de produire une masse considérable de vapeur avec une petite quantité d'eau.

La coupe de la même locomobile de M. Calla, que représente la figure 210, permet de saisir parfaitement, grâce à la légende qui accompagne cette figure, la disposition intérieure du foyer et des tubes à fumée.

Fig. 210. — Coupe de la locomobile de M. Calla.

A, cylindre à vapeur. — M, foyer et ouverture des tubes à feu.

— TT, tubes à feu baignés par l'eau de la chaudière. — K, boîte à fumée. — D, tuyau d'échappement de la vapeur dans la cheminée. — G, cheminée. — F, tube d'admission de la vapeur dans le cylindre. — B, bielle articulée transmettant l'action de la tige du piston, au moyen d'une manivelle, à l'arbre moteur. — C, arbre moteur. — V, volant.

D'une forme cylindrique et allongée, comme celle des locomotives, cette chaudière est portée sur une paire de roues ordinaires. Elle est munie d'un brancard, ce qui permet d'y atteler un cheval, pour la transporter d'un lieu à un autre.

Le cylindre à vapeur est placé horizontalement, comme on vient de le dire, au-dessus de la chaudière. À l'aide d'une tige et d'une manivelle, le piston de ce cylindre, imprime un mouvement rotatoire à un arbre horizontal placé en travers de la locomobile. Cet arbre fait tourner une large roue, ou volant, qui s'y trouve fixé. Une courroie qui s'enroule autour de ce volant, permet d'exécuter toute espèce de travail mécanique.

On peut donc, en adaptant cette courroie à la machine qu'on veut faire travailler, battre les gerbes à grain, manœuvrer des pompes, exécuter enfin toute action qui demande l'emploi d'un moteur.

L'eau, réduite en vapeur par le travail de la machine, est remplacée, quand cela est nécessaire, au moyen d'une pompe alimentaire et du tube aspirateur. Ce tube, plongeant dans un seau d'eau, vient puiser et refoule dans la chaudière, l'eau destinée à l'alimentation.

Telles sont les dispositions essentielles de la machine à vapeur destinée au travail agricole.

C'est à l'Exposition universelle de Londres, en 1851, que les locomobiles firent leur entrée dans l'industrie européenne. Avant cette époque, deux habiles constructeurs de Nantes, MM. P. Renaud et A. Lotz, avaient déjà, il est vrai, construit des machines à vapeur portatives. Mais les constructeurs nantais avaient limité l'emploi de leurs machines à vapeur transportables au travail des machines à battre les grains. C'est l'Exposition de Londres, avec ses dix-huit locomobiles, de types variés, qui vint, pour la première fois, attirer sur ce genre d'appareil l'attention des visiteurs de toutes les nations.

Dans le but de faire connaître en France ce *moteur à toute fin*, M.

le général Morin, directeur du Conservatoire des arts et métiers, acheta, pour cet établissement public, la locomobile de Tuxford ; et le Ministre des travaux publics fit venir en France, pour les travaux du chemin de fer de Tours à Bordeaux, une des locomobiles que construisaient, à Londres, MM. Clayton et Shuttleworth.

Un constructeur de Paris, M. Calla, comprit, le premier, en France, l'avenir réservé à ce genre de moteurs transportables. En 1852, sur l'invitation de M. Lechâtellier, ingénieur en chef des mines, il installait dans ses ateliers, la fabrication des locomobiles.

M. Calla est parti de la locomobile Clayton, telle qu'elle était en 1851 ; mais il y a apporté quelques modifications. Il a augmenté la pression et donné plus d'étendue à la surface de chauffe, qui est portée à 1^m,40 et jusqu'à 1^m,80 par cheval. Il a, de plus, beaucoup agrandi les passages de vapeur dans la distribution.

C'est avec ces dispositions que M. Calla entreprit, sur une grande échelle, la construction des locomobiles. C'est donc à cet habile constructeur que revient le mérite d'avoir répandu, en France, l'usage des machines à vapeur appliquées à l'agriculture.

L'Exposition universelle tenue a Paris en 1855, exerça une très-grande influence pour vulgariser en France, les machines agricoles, et notamment les locomobiles, en présentant au public intéressé à ces questions, les résultats de l'expérience et de la pratique des différentes nations. Il était impossible qu'à la suite d'un examen attentif des nouveaux appareils exposés par les constructeurs anglais, français, allemands et américains, l'agriculteur ne demeurât pas convaincu de leur utilité pratique, et de l'importance que doit offrir leur usage bien entendu.

Signalons quelques-unes des machines qui furent présentées à l'Exposition universelle de 1855, et qui se distinguaient par des dispositions utiles.

M. Calla, était parvenu à diminuer le poids total des locomobiles sans rien ôter de leur solidité ; il avait pu porter la pression de la vapeur jusqu'à 5 atmosphères, tout en diminuant l'espace occupé par le moteur. L'une de ses machines, de la force de 3 chevaux, consommant 150 kilogrammes de houille par journée de dix heures, ne pesait que 1 600 kilogrammes, et n'occupait qu'un espace de 2 mètres sur 1^m,50.

Louis Figuier

MM. Flaud et Durenne, de Paris, avaient appliqué aux locomobiles le principe des grandes vitesses, qui, dans ce cas, offre quelques avantages.

MM. Renaud et Lotz, de Nantes, présentaient une locomobile dans laquelle le cylindre était vertical et muni d'une enveloppe de tôle, afin de diminuer la perte de chaleur par le rayonnement des parois.

M. Nepveu, constructeur de Paris, avait exposé une petite miniature de locomobile, transportable à l'aide d'une seule roue, comme une brouette. Par la simplicité de son mécanisme, par la facilité de réparation et d'entretien de ses divers organes, cette locomobile reproduisait le type de rusticité qu'il convient de donner à une machine consacrée aux travaux des champs, et montrait bien tous les avantages que l'agriculture peut attendre de l'emploi de la vapeur.

Les locomobiles anglaises qui figuraient à l'Exposition de 1855, paraissaient, au contraire, trop élégantes, trop délicates, pour l'usage auquel on les destinait. En France, le mauvais état des chemins vicinaux les exposerait à trop de chances de dérangement et d'altération. Les belles locomobiles à quatre roues de Clayton ou d'Hornsby, conviendraient peu à nos chemins de petite communication, et aux terres fortes et argileuses de certains de nos départements.

Les locomobiles de MM. Clayton et Shuttleworth se distinguaient aussi de la locomobile Calla par une particularité digne d'être notée. Le cylindre à vapeur et les tiroirs pour la distribution de la vapeur, sont placés dans la boite à fumée, c'est-à-dire dans la partie de l'appareil où se dégagent à la fois la vapeur qui sort des cylindres et les gaz qui s'échappent du foyer. La chaleur de cet espace entretient les cylindres à une température constamment élevée, prévient la déperdition de calorique, et maintient la vapeur à une tension constante.

L'installation des cylindres à vapeur dans la boîte à fumée, sur les locomobiles Clayton, est faite de la manière suivante. Le cylindre à vapeur est entouré d'une enveloppe métallique, qu'échauffent les produits de la combustion venant du foyer, pendant que la vapeur, sortie du cylindre, circule entre la paroi extérieure et les surfaces externes du cylindre et de la boîte. Le reste des dispositions mécaniques, dans la locomobile Clayton, est le même que dans les locomobiles ordinaires. Dans la locomobile de M. Hornsby, de Grantham, le cylindre est renfermé dans le réservoir de vapeur, au lieu d'être dans la boîte à fumée.

Ce perfectionnement n'a pas été adopté par les constructeurs français, qui ne trouvent pas l'économie de combustible, dans les locomobiles, assez importante pour lui sacrifier la simplicité de l'ensemble de la machine. D'autres constructeurs anglais, MM. Ransomes et Sim, par exemple, ont d'ailleurs rejeté aussi, le système des cylindres enfermés dans un espace chauffé.

Un autre perfectionnement, concernant l'abritement des machines, a été imaginé par M. le marquis de Salves, qui exposa, au concours régional de Versailles, des locomobiles installées dans l'intérieur d'une voiture, de la forme connue sous le nom de *tapissière*, couvertes par un ciel fixe et fermées par des rideaux goudronnés. La machine se trouve ainsi abritée contre le mauvais temps, et contre les atteintes malveillantes.

L'Exposition universelle de Londres, en 1862, ne nous apprit rien de nouveau sur les locomobiles proprement dites. Plusieurs des machines exposées étaient agencées pour se transporter elles-mêmes sur le terrain, et pour servir à traîner même sur les routes ordinaires, des charges pouvant aller jusqu'à 25 tonnes. On emploie des machines locomobiles de ce genre en Angleterre, pour le transport du combustible aux usines dépourvues de voies de fer. On les voit aussi fonctionner, pendant la nuit, dans les rues de Londres.

L'exposition de Londres en 1862 permit néanmoins de constater le développement extraordinaire que la mécanique agricole, en général, avait pris en Europe dans l'intervalle de dix ans.

Depuis 1862, jusqu'au moment présent, l'usage des locomobiles s'est encore singulièrement répandu dans les campagnes. On a vu construire et appliquer des locomobiles pour la plupart des opérations agricoles. On a exécuté des *faucheuses*, des *piocheuses* et même des *moissonneuses* à vapeur. Quelques-uns de ces appareils peuvent, à l'aide de pièces de rechange, fonctionner successivement comme faucheuses et comme moissonneuses.

Nous citerons comme exemple, la *faucheuse-moissonneuse* de M. le docteur Mazier, remarquable par la simplicité de sa construction et par son faible volume.

Les *machines à battre* construites en France depuis peu d'années, et actionnées par des locomobiles, peuvent, sous tous les rapports, rivaliser avec les machines anglaises. Enfin on a construit, en France et en Angleterre, des*charrues à vapeur*, qui constituent une application très-importante des locomobiles.

Nous décrirons ces machines nouvelles, qui permettent de remplacer par la vapeur, les anciens appareils à battre les grains, mis en action par des chevaux, les charrues mêmes, et d'exécuter ainsi, au milieu des champs, par un appareil à vapeur, les plus importantes opérations agricoles.

Mais avant de décrire ces nouveaux appareils, c'est-à-dire les locomobiles appliquées au battage des grains, les *charrues à vapeur* et les *piocheuses à vapeur*, il sera utile de dire quelques mots de la *force effective* que doivent posséder les locomobiles destinées à ces divers usages. Cette force effective dépasse souvent la force nominale des machines vendues par les constructeurs, et il importe de ne pas confondre ces deux données.

MM. Clayton et Shuttleworth, dans une notice qu'ils distribuaient aux Expositions de Paris et de Londres, déterminaient comme il suit, la puissance des diverses locomobiles selon leurs destinations.

La machine de la force de 4 chevaux convient aux petites localités. Elle pèse 2 000 kilogrammes, et coûte environ 4 000 francs ; elle consomme 1 450 litres d'eau et 176 kilogrammes de houille par journée de dix heures, et fait battre de 65 à 75 hectolitres par jour. Un seul cheval suffit pour la traîner.

La machine de 5 chevaux fait battre de 75 à 95 hectolitres de blé fauché, par journée de dix heures ; c'est la locomobile rurale proprement dite. Deux chevaux la traînent aisément sur une route tolérable, car son poids n'est que de 2 500 kilogrammes ; son prix s'élève à 4 750 francs. Sa consommation journalière est de 1 820 litres d'eau et de 225 kilogrammes de combustible. Cette machine est propre à être prise en location, les fermiers l'envoient chercher et la renvoient.

Les machines de 6 à 10 chevaux, dont le poids varie de 2 700 à

3 750 kilogrammes et le prix de 5 000 à 7 000 francs battent de 75 à 195 hectolitres de blé fauché par jour ; mais elles sont applicables à une foule d'autres travaux, et les constructeurs les recommandent aux propriétaires fonciers et aux cultivateurs qui ont des moulins, des instruments de grange, des pompes, des scieries de bois, etc., à faire mouvoir. Elles consomment de 2 000 à 3 600 litres d'eau et de 275 à 475 kilogrammes de houille par dix heures. Ces machines, dont la force est déjà plus grande que celle dont les agriculteurs ont généralement besoin, conviennent aux grandes fermes où il y a beaucoup de bois à scier, de vastes greniers à ranger, un grand nombre d'instruments d'exploitation à mettre en mouvement.

Nous terminerons ces considérations générales sur les locomobiles agricoles, en mettant sous les yeux de nos lecteurs, comme application de ce qui précède, les modèles de locomobiles qu'exécutent aujourd'hui les principaux constructeurs de Paris.

Nous avons déjà donné le modèle de la locomobile de M. Calla. La figure 211, représente la locomobile construite par M. Durenne ; la figure 212, la locomobile qui sort des ateliers de MM. Call et Cie ; la figure 213, celle de M. Anjubault. Chaque constructeur a adopté une disposition particulière de la locomobile, qui répond aux indications spéciales de ses clients, ou qui lui paraît présenter, dans la pratique, de grands avantages.

Fig. 211. — Locomobile de M. Durenne.

Fig. 212. — Locomobile de MM. Call et Cie.

Fig. 213. — Locomobile de M. Anjubault.

Passons maintenant à l'examen spécial des locomobiles appliquées :

1° Au battage des grains ;

2° Au labourage ;

3° Au piochage.

La *machine à battre les grains* représente la plus générale, on pourrait dire, peut-être, l'unique application de la locomobile dans nos campagnes. La figure 214, qui montre une machine à battre les gerbes, ou *machine batteuse*, permet de saisir le mécanisme de cet appareil.

Fig. 214. — Machine à battre les gerbes à grains.

La locomobile n'est pas représentée sur cette figure. On y voit seulement la courroie A, qui mise en action par la locomobile, et s'enroulant sur le système de poulies B, met tout l'appareil en marche. L'arbre moteur de la machine à battre tournant par l'action de la vapeur, fait avancer le palier, porteur des gerbes, pendant qu'à l'intérieur, une pièce de fer vient battre les gerbes et en extraire les grains. La gerbe une fois égrenée, la machine même rejette la paille sur le sol.

Nous pensons que nos lecteurs trouveront ici, avec intérêt quelques renseignements pratiques sur le fonctionnement des *machines à battre* mues par la vapeur, sur la manière de les employer, les soins à leur donner, etc. Nous emprunterons ces indications à un ouvrage récent, à la *Culture économique par l'emploi des instruments et machines*, par M. Ed. Vianne.

Ce savant agriculteur s'exprime ainsi au sujet des machines à battre :

« Les batteuses mécaniques sont aujourd'hui complètement acceptées et les avantages qu'elles procurent sont reconnus par tous les agriculteurs sans exception. Nous ne pouvons que répéter ce que tous les cultivateurs savent, c'est que : les batteuses font le battage *plus économiquement*, *mieux* et *plus promptement*. Mais si tout le monde est d'accord sur l'utilité des batteuses, on est loin de l'être sur la valeur respective des différents systèmes de machines employées, particulièrement en ce qui concerne la conservation de la paille ; cette divergence d'opinions nous engage à dire quelques mots sur la valeur respective des différents systèmes.

« Les machines à battre peuvent se diviser en deux classes : 1° celles qui conservent la paille intacte, 2° celles qui la brisent plus ou moins. On désigne les premières sous le nom de machines en travers, elles sont fixes ou locomobiles, et les secondes sous celui de machines en bout, elles sont ordinairement fixes, mais leur petit volume les rend facilement transportables.

« Généralement les batteuses en travers secouent la paille et nettoient plus ou moins le grain, quelques-unes le rendent même assez propre pour qu'il puisse être livré à la vente sans autre manipulation. Jusqu'en ces derniers temps, ces machines étaient commandées par des manèges attelés de deux ou de trois chevaux et ne rendaient que de 12 à 20 hectolitres de grain par journée de travail, mais depuis que l'usage de la vapeur a pris de l'extension on a senti le besoin d'employer des machines beaucoup plus puissantes, afin de mieux utiliser la force de la vapeur, et plus expéditives, afin de pouvoir terminer tout le travail en quelques jours ; ainsi, avec les nouvelles machines à battre, telles que les fabriquent MM, Albaret, Bodin, Cumming et Gérard, on fait un travail énorme, qui atteint souvent de 120 à 140 hectolitres de blé par journée de travail.

« La seconde classe se subdivise en machines simples, c'est-à-dire battant seulement, et en machines avec secouage et nettoyage. La plupart de ces machines sont accompagnées d'un manège spécial fixe ou placé sur un bâti à quatre roues ; c'est derrière ce bâti que l'on place la batteuse pour la transporter d'une exploitation à une autre.

Ces machines conviennent tout particulièrement pour les petites et les moyennes exploitations ; elles sont simples, d'un prix peu élevé, et, à emploi égal de force, font plus de travail que les batteuses en travers ; mais elles ne secouent pas la paille et ne nettoient pas le grain ; cette dernière opération nécessite, non-seulement une augmentation de personnel, surtout lorsque le battage se fait rapidement, mais encore elle se fait mal et occasionne toujours une perte plus ou moins grande de grains. C'est pour obvier à cet inconvénient très-grave, que quelques constructeurs munissent maintenant leurs batteuses d'un secoueur, qui ne complique pas beaucoup la machine et qui facilite notablement le travail.

« Les batteuses en bout qui secouent la paille et nettoient le grain, ne diffèrent de celles en travers, qui font les mêmes opérations, qu'en ce qu'elles sont moins larges.

« Dans ces dernières années, il s'est monté beaucoup d'entreprises de battage à façon qui rendent de grands services ; mais, à côté des avantages, il y a le chapitre des inconvénients, dont le principal est d'avoir immédiatement beaucoup de paille à loger, d'autant plus que dans un grand nombre de contrées, on ne sait faire que des meulons informes, qui en laissent perdre une grande quantité.

« La paille battue doit se mettre en meules régulières, longitudinales ou circulaires ; lorsque les céréales sont battues par une machine en travers qui laisse la paille entière, nous regardons comme une excellente pratique de la faire botteler immédiatement.

« Nous préférons aussi les meules longitudinales, parce qu'elles permettent de prendre l'approvisionnement journalier sans être obligé de rentrer le reste ou de le couvrir, comme il est indispensable de le faire avec les meules circulaires.

« Pour établir une meule longitudinale, on trace d'abord sur le sol un parallélogramme ou carré long, auquel on donne de 4 à 6 mètres de largeur sur une longueur proportionnée à la quantité de paille que l'on a à emmeuler.

« Lorsque cette figure est tracée sur le sol, on la garnit d'un lit de fagots, ou mieux d'ajoncs épineux ; et on pose dessus des couches successives de paille, en ayant soin de les bien tasser. On peut monter les côtés d'aplomb, ou leur donner un peu de largeur à mesure que l'on monte, afin de laisser moins de prise à la pluie. Lorsqu'on arrive à 3 ou 4 mètres de hauteur, on commence la toiture, pour cela on continue d'élever en diminuant successivement de largeur, jusqu'à ce que l'on arrive à rien.

« On doit commencer sur une longueur telle, que la partie entamée puisse se terminer dans la journée, afin que s'il survient un arrêt dans le battage, cette partie de la meule puisse complètement se terminer.

« Les deux extrémités, qui forment comme les deux pignons, peuvent se monter d'aplomb, cependant il vaut mieux, à partir du carré, donner une pente, de manière à former une croupe.

« Quand la meule est terminée, on assujettit la partie supérieure qui forme la toiture au moyen de liens en paille, auxquels on attache des pierres ou mieux des pièces de bois ; on peut aussi, pour en augmenter la solidité et laisser moins de prise au vent, glisser sous les liens des perches que l'on place horizontalement.

« Autant que possible, on oriente les meules longitudinales de manière qu'une des extrémités se présente du côté de la pluie, et on entame la meule, par le côté opposé.

« Le prix de revient du battage mécanique peut varier de 1 franc à 45 centimes l'hectolitre, selon qu'on se servira de la force animale ou de la vapeur, qu'on emploiera une machine à petit ou à grand travail, et aussi selon que l'on battra en long ou en travers.

« Dans l'achat d'une machine à battre, on doit considérer la construction générale, la simplicité, la solidité, la stabilité, la facilité de placement, l'effort de traction qu'elle exige, la quantité et la perfection du travail qu'elle fait, et le prix de la machine. »

Les machines à battre, pour donner un bon service, doivent être entretenues avec quelque soin. M. Vianne donne à cet égard, les indications qui suivent :

« Pour obtenir un bon et long service de ces machines, il faut les soigner et les tenir proprement, les graisser suffisamment en ayant soin de vérifier si L'huile arrive jusque sur l'axe ; il faut aussi enlever de temps en temps le chapeau des coussinets, vérifier et nettoyer les tourillons et avoir soin d'arrêter immédiatement lorsqu'une pièce s'échauffe.

« Avant de mettre en marche, on doit toujours s'assurer que la machine fonctionne librement, que les coussinets ne sont pas trop serrés, et qu'il n'y a pas non plus de ballottements. On ne doit commencer à charger que lorsque la machine a acquis sa pleine vitesse, et lorsque l'on arrête, il ne faut jamais y laisser de paille. Il faut aussi avoir soin de vérifier l'écartement entre le batteur et le contre-batteur ; car s'il était trop grand il resterait du grain dans la paille et s'il était trop petit on écraserait le grain. Une bonne machine bien réglée, ne doit ni casser le grain, ni en laisser dans l'épi.

« La marche d'une machine à battre dépend en grande partie de la manière dont elle est alimentée. Un bon *engreneur* fera beaucoup de travail sans fatiguer le moteur, tandis qu'un autre le fatiguera outre mesure sans avancer le travail. Pour engrener, il est bon d'avoir un ouvrier spécial, et de faire faire ce travail toujours par le même.

« La gerbe doit être étendue sur la table, et l'alimentation doit se faire de manière à pourvoir le batteur sur toute sa largeur ; elle doit être activée ou ralentie, selon la *vitesse de marche de la machine*, c'est-à-dire que, lorsque la machine marchera avec vitesse, l'alimentation se fera plus abondamment, et qu'elle diminuera si la vitesse se ralentit. En observant cette condition d'engrenage, on obtiendra un travail plus parfait et plus rapide, sans fatiguer le moteur.[1] »

C'est en Angleterre que l'on a construit les *charrues à vapeur* reconnues les plus avantageuses. La *charrue à vapeur* de M. Fowler et celle de M. Howard, fixèrent particulièrement l'attention, à l'Exposition universelle de 1862.

Dans un rapport qui a été imprimé au mois de mai 1863, dans les *Bulletins de la Société d'encouragement pour l'industrie nationale*, M. Hervé Mangon a donné sur la charrue Fowler et la charrue Howard, des renseignements descriptifs que nous allons résumer.

La figure 218 donne d'abord une idée d'ensemble de la manière dont s'effectue le labourage au moyen de la vapeur.

Une locomobile, portant une poulie motrice horizontale, qui constitue le véritable *treuil* moteur de l'appareil, étant placée au point A, par exemple, peut se déplacer à volonté le long de l'un des

---

1   *La culture économique*, Paris, 1856, in-18, p. 205 et suivantes.

côtés du champ à labourer.

Sur le côté opposé de ce champ, on installe une poulie horizontale de renvoi, appelée *ancre* (B), Elle est portée par un chariot, qui peut avancer parallèlement à la locomobile. Un câble sans fin qui s'enroule sur la poulie motrice et sur la poulie de renvoi, peut entraîner tour à tour la charrue à bascule, attelée à l'un de ses brins, de la machine vers l'ancre et de l'ancre vers la machine, dans toutes les positions que ces deux appareils occupent parallèlement sur la longueur du champ.

Fig. 216. — Ancre pour le labourage à vapeur.

On peut, de cette façon ouvrir une série de sillons entre la machine et l'ancre dans toute la largeur de la pièce de terre, à chaque allée et venue de la charrue, qui est dirigée par un laboureur assis à l'arrière. Le déplacement simultané de la locomobile et de l'ancre, permet ensuite de continuer le travail jusqu'à l'autre extrémité du champ.

Les figures suivantes feront comprendre la disposition générale des appareils de culture à la vapeur.

La locomobile Fowler est de la force de 12 à 14 chevaux, sa machine à vapeur est à deux cylindres conjugués, avec coulisse de Stephenson. Elle peut se mouvoir elle-même sur le sol plus ou moins inégal d'une terre arable. Sous le corps cylindrique de la chaudière, et à une faible hauteur au-dessus du sol, se trouve la poulie horizontale, d'un diamètre de 1^m, 50, qui peut recevoir de la machine un mouvement de rotation de droite à gauche ou de gauche à droite.

Fig. 215. — Locomobile Fouler pour le labourage à vapeur.

Voici comment s'exécute le labourage à vapeur, au moyen de la locomobile et de la charrue Fowler. La figure 218 montre le travail en action.

Fig. 218. — Le labourage au moyen de la vapeur.

La locomobile (A) est placée à gauche, à droite, du côté opposé (B), est disposé l'appareil appelé *ancre*, et dont la figure 216 montre les détails. C'est une poulie horizontale, portée sur un chariot garni de disques tranchants, qui s'enfoncent dans le sol, pour assurer la stabilité de l'appareil : Un câble en fil d'acier, va de l'ancre à la locomobile ; ses deux extrémités s'enroulent sur les tambours fixés au bâti de la charrue (fig. 217) que l'on amène préalablement sur la ligne qui joint l'ancre à la locomobile. En imprimant alors à la poulie motrice de l'ancre, un mouvement de rotation, dans un sens ou dans l'autre, on fait aller à volonté la charrue de la locomobile à l'ancre ou de l'ancre à la locomobile.

Mais il faut ensuite déplacer l'ancre en même temps que la locomobile. À cet effet, M. Fowler a muni l'arbre de la poulie de renvoi (fig. 216) d'un pignon *b* qui commande à volonté un treuil A, sur lequel s'enroule un petit câble, dont l'autre extrémité est attachée à un obstacle fixé au bout de la ligne que l'ancre doit parcourir. L'appareil peut donc se remorquer lui-même sur le câble, et avancer d'une quantité réglée par l'embrayage du petit treuil et du pignon qui le conduit.

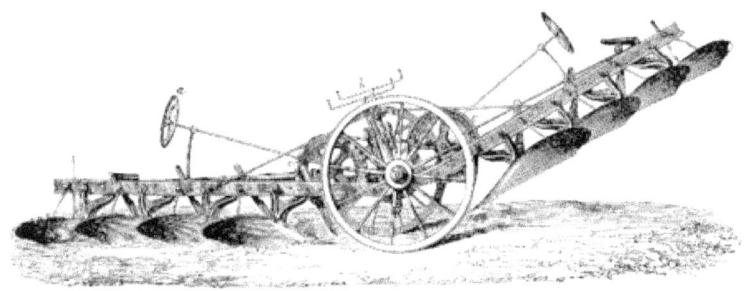

Fig. 217. — Charrue à vapeur de M. Fowler.

La charrue elle-même (fig. 217) est à bascule. Elle se compose d'un fort bâti, formé de deux pièces symétriques inclinées l'une par rapport à l'autre, de sorte que l'une est soulevée en l'air, quand l'autre laboure le sol. L'angle de ces deux branches repose sur un essieu porté par deux grandes et fortes roues à large jante. Chaque côté du bâti, à droite et à gauche de l'essieu, porte quatre corps complets de charrues, dont les coutres et les socs sont tournés du côté des grandes roues de l'appareil. Il en résulte que si l'on abaisse un des côtés du bâti, les charrues de ce côté entameront le sol, celles du côté opposé étant soulevées momentanément. Une fois parvenu à l'extrémité du sillon, le laboureur, qui dirige la charrue, fait basculer le bâti sur l'essieu, et les socs soulevés précédemment prennent la place des premiers pendant le voyage de retour.

À l'aide de cette disposition ingénieuse, la charrue fonctionne aussi bien en allant qu'en revenant, toujours en versant la terre à droite et en faisant un labour à plat. Un mécanisme fort simple permet au conducteur de la charrue, en agissant sur le gouvernail *a* (fig. 217), d'incliner plus ou moins l'essieu sur la *ligne de foi*, c'est-à-dire sur la direction du sillon.

L'entrure des charrues se règle aussi avec facilité, en soulevant plus ou moins le bâti sur l'essieu des grandes roues, à l'aide des vis tournées par des manivelles *b*. Les tambours *c* reçoivent le câble moteur. On peut à volonté, enlever les versoirs et les coutres, et remplacer les socs par des pièces de formes variées qui transforment l'appareil en charrue sous-sol, en scarificateur ou en extirpateur.

La locomobile de la charrue Fowler peut servir comme locomobile ordinaire ; mais comme son prix d'achat s'élève à environ 20 000 francs, on comprend qu'il serait important de pouvoir appliquer le même système de labourage à la vapeur à l'aide d'une locomobile ordinaire, de dimensions moindres et d'un prix moins considérable.

M. Fowler lui-même a donné successivement plusieurs solutions de ce problème. Par exemple, il fait mouvoir par une locomobile ordinaire, au moyen d'une courroie, une poulie motrice horizontale, montée sur un chariot. Une disposition mécanique spéciale permet de changer le sens de rotation de cette poulie, sans agir sur la locomobile. Cet appareil moteur est installé sur un des côtés du champ à labourer ; deux ancres se meuvent parallèlement le long des deux côtés adjacents de la pièce de terre, et la charrue voyage d'une ancre à l'autre. Un câble de fil d'acier, qui enveloppe la poulie motrice, passe sur les poulies de renvoi des ancres, et vient enrouler ses deux extrémités sur les tambours de la charrue, et imprime à celle-ci son mouvement de translation. À chaque voyage les deux ancres se déplacent d'une quantité égale à la largeur labourée pendant ce voyage, et c'est ainsi que toute la surface du champ se trouve successivement labourée. Le câble est soutenu de distance en distance par de petites poulies à chariot.

Enfin dans ces derniers temps, M. Fowler a imaginé de relier une locomobile ordinaire à une ancre portant une poulie motrice, et de disposer, du côté opposé, une ancre à poulie de renvoi. La première ancre se remorquant elle-même et entraînant la locomobile avec elle, on se trouve ramené aux conditions d'installation primitives de la locomobile Fowler.

La dépense journalière occasionnée par une charrue à vapeur du système Fowler, s'élève, en moyenne, à 60 francs, y compris les intérêts du capital d'achat. Elle laboure, dans sa journée, de 3 à 4 hectares, ce qui porte à 20 francs environ par hectare, le prix du labour, sans compter l'approvisionnement d'eau.

Ce prix est notablement inférieur à celui du labour par les moyens ordinaires. De plus, les machines permettent de profiter des meilleurs temps pour le labour, et leur travail est plus égal, que celui des chevaux. Enfin, la locomobile peut encore être utilisée dans la ferme, quand elle ne laboure pas, ce qui diminue encore le prix estimé ci-dessus.

Passons à la *charrue à vapeur* de M. Howard.

M. Howard emploie pour labourer, une locomobile placée dans l'un des angles, ou un peu en dehors de la pièce à labourer. Ce moteur commande alternativement, à l'aide d'une courroie, l'un ou l'autre de deux tambours indépendants, montés sur un chariot, qui constituent le treuil moteur de l'appareil de labourage. Le câble, en fil d'acier, part de l'un des tambours, passe sur des poulies de renvoi placées aux angles de la pièce, et revient au second tambour. Quand le câble s'enroule sur l'un de ces tambours, il se déroule de l'autre, qui tourne en sens contraire. Un débrayage convenable permet de changer les rôles des deux tambours au moment voulu. La charrue est attachée à un point du câble tendu entre deux poulies de renvoi, et reçoit de celui-ci un mouvement de va-et-vient, comme dans le système précédent. On déplace ensuite les poulies de renvoi, parallèlement à elles-mêmes, d'une quantité égale à la largeur labourée ; mais ce déplacement se fait à bras d'homme, ce qui exige pour chaque ancre, un ouvrier très-robuste et soigneux.

La charrue de M. Howard est un scarificateur très-puissant. Il est monté sur quatre roues, et peut travailler en deux sens. Ce système est moins commode que celui de M. Fowler, qui lui-même a encore besoin d'être simplifié et perfectionné. Ainsi, par exemple, dans les divers systèmes de culture à vapeur, le laboureur élève un drapeau, pour avertir le mécanicien qu'il faut arrêter la machine, ou la remettre en marche. Or, par un temps de brouillard, ce signal peut ne pas être aperçu, et même dans les circonstances ordinaires, le mécanicien peut avoir une distraction qui lui fasse apercevoir ce signal trop tard, ce qui peut occasionner de graves avaries.

On remédierait à cet inconvénient en faisant entrer dans l'âme du câble, un fil électrique isolé, en communication avec une sonnerie, ou avec un frein du système de M. Achard. Le laboureur n'aurait plus qu'à presser un bouton, pour donner un signal, ou agir directement sur la machine ; et le mécanicien serait ainsi débarrassé d'une préoccupation assujettissante.

On voit par ce qui précède, que la culture à la vapeur n'est encore qu'à son début, mais que les plus grandes difficultés sont surmontées. Dès aujourd'hui, elle réalise une économie directe, que permettront de pousser bien plus loin les perfectionnements dont elle est susceptible.

Le *piochage* au moyen d'une machine mise en action par une locomobile à vapeur, a été plusieurs fois expérimenté en Angleterre, avec plus ou moins de succès. En France, une *piocheuse à vapeur* a beaucoup attiré l'attention, et pourtant a fini par être à peu près oubliée. Nous voulons parler de la machine de MM. Barrat frères. Ces mécaniciens ont consacré un temps considérable et de grandes dépenses à doter l'agriculture du piochage par la vapeur. Un modèle de leur appareil, qu'ils ont plusieurs fois perfectionné et modifié, a été construit, et mis à l'essai dans plusieurs domaines appartenant à l'Empereur. Il paraît que les résultats de ces expériences, qui ont duré dix ans, se sont montrés avantageux, et que, dans la grande culture, la piocheuse de MM. Barrat frères pourrait rendre des services, pour le défonçage prompt et économique des terres.

Quoi qu'il en soit, nos lecteurs trouveront ici avec intérêt, le dessin de la *piocheuse à vapeur* de MM. Barrat frères que représente la figure 219, et dont le mécanisme et le fonctionnement se comprennent à la simple inspection. On voit que les pioches sont alternativement soulevées et relevées, par le jeu d'une roue dentée, que met en action le piston de la machine à vapeur de la locomobile.

Nous ajouterons que l'on a essayé de faire marcher par des locomobiles à vapeur, des *moissonneuses* ou des *faneuses*. Le succès n'a pas couronné ces tentatives, qui exigent de nouvelles études pratiques.

Nous ne terminerons pas ce qui concerne la *locomobile rurale*, sans répondre brièvement aux principaux arguments que la résistance de la routine objecte encore à leur emploi.

Fig. 219. — Piocheuse à vapeur de MM. Barrat frères.

Contre l'introduction des locomobiles dans nos campagnes, on oppose, en premier lieu, le prix de ces machines. Le prix d'une locomobile est d'environ 1 000 francs par force de cheval, soit 4 000 francs pour une machine de la force de 4 chevaux. Mais l'économie du travail quotidien, doit promptement couvrir cette avance. On est parvenu, en effet, à réduire dans une proportion remarquable, la quantité de combustible brûlé dans le foyer des locomobiles. Dans plusieurs locomobiles de nos constructeurs, on ne brûle que 2 kilogrammes de bonne houille pour produire, pendant une heure, la force d'un cheval-vapeur. On sait que l'unité dynamométrique que l'on désigne sous le nom de *cheval-vapeur*, équivaut à plus de 2 chevaux. Si l'on part du prix de 3 francs les 100 kilogrammes de houille, ce n'est donc pour l'agriculteur qu'une dépense de moins de 10 centimes par heure de travail, pour produire la force que développeraient, dans le même temps, deux chevaux de son écurie. Mais il ne faut pas perdre de vue que la locomobile ne consomme de combustible et n'occasionne de dépense, que tout autant qu'elle produit un travail mécanique. Au contraire, le cheval de ferme exige toujours sa dépense d'entretien, qu'il soit au travail ou au repos.

L'objection des petits propriétaires, c'est que l'usage des machines à vapeur ne convient qu'aux grandes cultures, tandis que pour l'exploitation d'un champ ou d'une parcelle de terre, le travail manuel d'un petit nombre d'ouvriers est suffisant. On n'a pas besoin, disent-ils, d'une batteuse à vapeur pour quelques centaines de gerbes ; d'une moissonneuse, d'une faneuse, d'une charrue à vapeur, pour quelques hectares de terre.

À cela, on peut répondre qu'il y a plusieurs moyens de faire jouir tout le monde des avantages que comportent les machines à vapeur. D'abord, il serait naturel que chaque commune eût sa locomobile, comme elle a sa pompe à incendie ; on affecterait à ces machines un personnel chargé de les conduire. Ensuite, rien n'empêche qu'un industriel, possesseur d'une locomobile, la transporte de ferme en ferme, et la loue au cultivateur, pour un temps fixé, ou bien la fasse travailler à forfait. Par cette combinaison, la locomobile serait mise à la portée des petits fermiers, absolument comme les ouvriers et les chevaux qu'ils prennent à leur service. Aujourd'hui que la locomobile rurale réunit les conditions indispensables à son emploi général, on devrait la trouver dans toutes les communes, entre les mains d'entrepreneurs, qui en loueraient le travail à l'heure ou à la journée. Ils en feraient profiter, tantôt le petit métayer, ayant à mouvoir une batteuse, un moulin, un crible, un pressoir ; tantôt le tuilier, le fabricant de plâtre, ou le meunier dont le cours d'eau serait à sec.

La location des locomobiles pourrait avantageusement compléter l'industrie du charron et du serrurier du village, qui n'auraient pas de peine à l'entretenir en bon état. Les anciens mécaniciens ou chauffeurs des chemins de fer et des bateaux à vapeur, pourraient de même trouver, soit dans la location, soit dans la conduite des locomobiles rurales, le moyen d'existence le plus en harmonie avec leur ancien métier. Ce serait leur retraite toute trouvée. Enfin, les petits propriétaires pourraient fort bien se mettre plusieurs pour tirer parti de la journée d'une locomobile.

Ces considérations suffisent pour faire comprendre que les locomobiles pourraient être facilement mises à la portée de tous les cultivateurs, si l'on y mettait un peu de bonne volonté. Mais, dans nos campagnes, le nom seul de *machine* effraye toujours ; c'est, pour les vieux routiniers, le synonyme d'innovation ruineuse. Ils oublient que les herses, les charrues, et tant d'autres instruments qui leur sont familiers, ne sont autre chose que des machines, contre lesquelles on éleva autrefois des objections tout aussi vives. Le progrès entraîne le progrès : la consommation s'accroît sans cesse, et la production doit se mettre au même niveau. Les méthodes de culture qui suffisaient à nos pères, ne sont plus aujourd'hui à la hauteur des besoins de la population. Il faut donc qu'on en vienne à l'usage des machines, qui économisent le temps et la main-d'œuvre, et par suite, abaissent le prix de revient des produits agricoles.

On élève certaines craintes, dans les campagnes, relativement à l'incendie, en considérant que les locomobiles doivent fonctionner près de bâtiments couverts de chaume, ou en présence de matières susceptibles de s'embraser aisément, telles que des gerbes de céréales, des foins, du bois sec, etc. Mais il suffit de faire remarquer, pour dissiper ces appréhensions, que les chaudières des locomobiles sont disposées de manière à éviter tout accident. Les cendres et les résidus de la combustion qui tombent du foyer, sont reçus dans une boîte pleine d'eau, fermée de toutes parts ; et, d'autre part, la cheminée est assez élevée pour qu'aucune étincelle ne puisse se faire jour à l'extérieur. Aucun incendie n'a été signalé jusqu'ici, comme conséquence de l'emploi des locomobiles, ni en France ni en Angleterre.

Le regrettable argument qui, au commencement de notre siècle, retarda l'adoption des machines dans les ateliers de l'industrie manufacturière, est également invoqué aujourd'hui, contre l'introduction des mêmes appareils dans l'industrie agricole. Les locomobiles, dit-on, exécutent le travail de l'homme ; elles auront donc pour résultat de nuire à l'ouvrier des champs, en diminuant le nombre des travailleurs employés dans chaque contrée. L'expérience a tranché depuis longtemps cette question en faveur de l'outillage mécanique, qui, loin d'avoir diminué le nombre des ouvriers employés dans les manufactures, a, au contraire, augmenté ce nombre dans une proportion considérable. Or, le travail industriel ne différant point, dans ses conditions et dans les lois générales qui le régissent, du travail agricole, le même résultat doit nécessairement se produire ici. En créant aux produits du sol des débouchés nouveaux, l'économie qui résultera de l'emploi des machines, permettra d'occuper un nombre d'ouvriers tout aussi considérable que par le passé.

N'oublions pas, au reste, que par diverses causes que nous n'avons pas à examiner ici, les bras manquent trop souvent dans nos campagnes. Il n'est donc pas indifférent, dans une telle circonstance, de pouvoir suppléer par un agent moteur économique, au travail de l'ouvrier qui déserte les occupations paisibles des champs, pour le séjour des cités.

La répugnance des ouvriers journaliers contre ces machines, dans lesquelles ils voient, à tort, des rivales qui leur ôteront leurs moyens d'existence, va si loin que, dans quelques pays, les premières batteuses mécaniques furent détruites par la populace ameutée. Il est vrai que les locomobiles dispenseront les fermiers de se mettre à la merci de ces ouvriers nomades, sur lesquels on ne peut jamais compter, et qu'on n'emploie que lorsqu'on y est forcé.

Les fermiers, en possession de bonnes machines agricoles, emploieront moins de ces ouvriers de rebut, mais ils seront obligés d'augmenter leur personnel fixe. C'est donc surtout la partie intelligente de la population ouvrière qui y gagnera, parce que les machines feront ce qui ne demande que de la force physique et de la fatigue, mais elles auront toujours besoin d'être dirigées et surveillées par des ouvriers attentifs.

L'agriculture n'est pas seulement la plus ancienne de toutes les industries des peuples ; elle est encore aujourd'hui la plus importante, et partout elle constitue la base fondamentale de la richesse publique. En France, comme dans la plupart des autres contrées de l'Europe, la question agricole est la question souveraine. Quel que soit, en effet, le développement de la production manufacturière, quelle que puisse être son extension future, elle n'égalera jamais en étendue la production agricole. C'est le sol qui fournit aux arts et aux manufactures les matières premières qui leur sont indispensables, et le travail de la terre occupe, dans notre pays, un nombre d'hommes infiniment au-dessus de celui que réclame la confection des produits industriels. Il est incontestable pourtant, que les procédés de l'agriculture sont aujourd'hui dans un état d'infériorité frappante, relativement à ceux de l'industrie manufacturière, qui a réalisé dans notre siècle les prodiges que tout le monde connaît. C'est en empruntant à l'industrie elle-même les moyens et les procédés qui ont détermine ses progrès rapides, que l'agriculture pourra entrer, à son tour dans la voie du perfectionnement. L'accomplissement de cette grande tâche appartient à la génération qui s'élève, et nul ne saurait prévoir les résultats qu'amènerait dans la destinée des nations modernes, la solution de ce grand problème.

Les locomobiles dont nous venons de passer en revue les principaux emplois dans les campagnes, commencent aussi à être appliquées dans les villes, à différents usages mécaniques. Nous terminerons cette Notice par l'examen de ces dernières applications du *moteur à toute fin*.

Les habitants de Paris connaissent bien, car ils le voient fonctionner depuis quelque temps, dans beaucoup de rues, pour la construction des égouts ou autres travaux de ce genre, la *machine à préparer le béton ou le mortier*. Pour mettre en action cet appareil, qui exige un emploi de force considérable, on a remplacé le travail de l'homme ou des chevaux par une locomobile.

Une locomobile construite dans le système ordinaire, avec cylindre à vapeur apparent au dehors, et placé au-dessus de la chaudière, fait tourner un arbre de couche, pourvu d'une large poulie. Une courroie établie sur cette poulie, met en action le mécanisme au moyen duquel l'eau d'une part, la chaux ou le ciment de l'autre, versés en proportions convenables, dans des vases d'un volume déterminé, viennent se mêler dans un baquet, et sont ensuite agités pour former le mortier ou le ciment.

Cet ingénieux appareil a rendu de grands services pour accélérer, dans Paris, les travaux de construction.

Un autre appareil qui présente une application nouvelle et extrêmement intéressante, de la locomobile, c'est le *compresseur du macadam*, que l'on voit depuis 1865, circuler et fonctionner sur les grandes voies de la capitale.

On sait que le mode d'entretien le plus économique des voies empierrées de Paris, consiste à écraser, par des cylindres d'un poids énorme, les matériaux destinés à la réparation et à l'entretien de la chaussée.

Les *rouleaux compresseurs* étaient traînés d'ordinaire, par des chevaux. Mais ces lourdes machines, attelées de 8 à 10 chevaux, mettaient souvent de grandes entraves à la circulation, et menaçaient de provoquer des accidents, soit par elles-mêmes, soit par les embarras de voitures qu'elles déterminaient. Ces longs attelages mettaient plus de temps à se retourner au bout de leur parcours, qu'ils n'en employaient au parcours lui-même. Enfin les chevaux, tant que l'empierrement n'était pas fixé, faisaient jaillir les cailloux sous leurs pieds, et détruisaient ainsi, en partie, le travail du cailloutage déjà opéré.

Afin d'obvier à ces inconvénients, l'administration municipale de Paris, décida de substituer la vapeur aux chevaux employés à traîner les *rouleaux compresseurs du macadam.*

Des divers appareils qui furent imaginés dans ce but, et soumis à l'administration municipale, deux parurent répondre d'une manière satisfaisante, à l'objet proposé : le compresseur de M. Ballaison, qui fait usage de deux cylindres compresseurs, et celui de M. Lemoine, qui n'emploie qu'un seul rouleau compresseur, d'un diamètre considérable ;

Le dernier de ces appareils était volumineux, trapu, et s'éloignait trop des formes des véhicules ordinaires. Il avait l'inconvénient d'effrayer les chevaux, même au repos. En outre, par son poids énorme, il avait pour résultat de creuser des espèces de fosses sur les terrains peu résistants.

L'appareil à deux rouleaux compresseurs de M. Ballaison fut donc adopté par l'administration municipale de Paris.

La figure 220 représente ce compresseur.

La vapeur produite dans la chaudière tabulaire de la locomobile, s'introduit dans deux cylindres à vapeur. Ces cylindres sont oscillants. La tige du piston de chaque cylindre se dirige de haut en bas, et vient mettre en action l'axe d'une petite roue dentée. Sur cette roue est fixée une chaîne de fer, à maillons articulés, qui va s'enrouler autour d'une large roue dentée, faisant elle-même corps avec le rouleau. Elle fait ainsi tourner le rouleau sur le sol. Chacun des deux rouleaux est mis en action séparément, par un cylindre à vapeur. Le foyer de la locomobile est caché entre les deux rouleaux, ce qui fait qu'il cause peu de frayeur aux chevaux.

Fig. 220. — Compresseur du macadam.

Comment peut-on faire tourner à volonté cet énorme appareil ? Le mécanicien presse un levier, lequel, faisant agir une longue vis, déplace un peu le rouleau, et lui fait faire un angle de quelques degrés, par rapport à sa position première. La même vis produit un effet tout semblable sur le second rouleau compresseur ; ce qui, en définitive, change la direction normale de la marche.

Le poids total du *compresseur* est de 13 tonnes, avec un approvisionnement moyen d'eau et de combustible. La force de la machine à vapeur est de 10 chevaux. Elle consomme 7 à 8 kilogrammes de charbon, par heure et par force de cheval.

Plus puissant que l'appareil traîné par des chevaux, le cylindre à vapeur opère plus rapidement. Le travail est plus facile à diriger, encombre moins la rue, et n'exige pas de *retournement*, car, semblable en cela, aux locomotives de chemins de fer, il peut aller en avant ou en arrière, grâce au simple renversement de la vapeur. Il est donc sous tous les rapports, supérieur au cylindre traîné par des chevaux.

Parlons enfin des tentatives toutes récentes, qui ont été faites pour appliquer la vapeur à la traction des voitures, sur les routes ordinaires.

Le *compresseur du macadam*, que nous venons de signaler, se transporte avec facilité, et sans trop de bruit, à l'intérieur des villes. Il était donc naturel de songer à appliquer à la locomotion sur les routes, ce même appareil, allégé et modifié. C'est ce qui a été fait, par la construction de nouvelles *voitures à vapeur*.

Nous disons de *nouvelles voitures à vapeur*, car l'idée d'appliquer la vapeur à la locomotion sur les routes ordinaires, est déjà bien ancienne.

L'emploi d'une machine vapeur pour tirer les voitures sur les routes ordinaires, fut essayé, dès les premiers temps de la découverte du puissant moteur dont l'histoire vient de nous occuper. Au commencement de ce siècle, Olivier Evans, en Amérique, d'une part ; Trevithick et Vivian, en Angleterre, d'autre part, construisaient des machines à vapeur à haute pression, qu'ils adaptaient à des voitures destinées à rouler sur les grands chemins. Ainsi se trouvèrent créées les *voitures à vapeur*.

Jusqu'en 1830, on s'efforça de perfectionner ces scabreux et difficiles engins. On y était parvenu dans une certaine mesure, puisque des services publics furent établis pour le transport des voyageurs par des voitures à vapeur, tant en Angleterre qu'en Belgique.

Dès l'année 1826, on voyait circuler de Londres à Paddington, un landau, mû par la vapeur.

Cette machine fut perfectionnée en 1834, et présenta une forme plus appropriée encore au service des voyageurs. C'était une assez grande voiture à quatre roues. On y entrait par une portière située sur le devant. Le conducteur dirigeait l'avant-train au moyen d'une manivelle. Le mécanisme et la chaudière à vapeur étaient cachés sous la caisse de la voiture.

M. Stéphane Flachat, dans son ouvrage sur l'*Exposition de 1834*, qui a pour titre l'*Industrie*[1] a donné une gravure représentant cette locomobile précoce.

En 1832, un véritable service de voitures à vapeur fut établi aux portes de Bruxelles.

En 1834, Paris s'occupa beaucoup d'une *diligence à vapeur*, qui parcourut à plusieurs reprises la route de Paris à Versailles. L'inventeur, appelé Dietz, s'inspirait des lumières d'un physicien habile, M. Galy Cazalat.

La voiture partait du milieu de la place du Carrousel, de ce fameux *Hôtel de Nantes*, qui se dressait isolé, au milieu de cette vaste place, en face du palais des Tuileries.

La voiture de Dietz était lourde et bruyante. La fumée qu'elle jetait, incommodait les passants et effrayait les chevaux. Les fortes rampes de la route de Versailles, l'essoufflaient. Bref, après bien des péripéties, l'inventeur fut ruiné. À bout de ressources, il disparut, et l'on n'entendit plus parler de lui.

Bien d'autres essais ont été faits depuis Dietz, pour créer des voitures à vapeur. Nous citerons seulement le plan d'une voiture de ce genre, qui fut conçu par M. le baron Séguier, et exécuté par lui, de concert avec le mécanicien Pecqueur.

La voiture à vapeur de M. le baron Séguier reproduisait une disposition rationnelle : celle que Cugnot avait mise en usage.[2] M. Séguier plaçait le moteur, non pas à l'arrière, comme on le fait trop souvent, mais au devant, comme sont placés les chevaux, dans nos voitures ordinaires. Par un luxe de dispositions mécaniques, il y avait deux appareils moteurs pour chacune des deux roues directrices.

Le moteur se composait donc de quatre cylindres, groupés deux à deux, et agissant sur les roues de devant. Le conducteur avait à sa disposition, des pédales, mues par les pieds ou la main, pour changer la direction du mouvement. La chaudière pesait surtout sur l'avant-train. Les tuyaux pour l'entrée et la sortie de la vapeur, passaient à travers la cheville ouvrière de la voiture.

Ainsi la voiture à vapeur de M. le baron Séguier reproduisait, autant que possible, les dispositions de nos véhicules ordinaires.

1 Grand in-8. Paris, 1834, page 131.
2 Voir la *Notice sur les Chemins de fer*.

Chaque côté de la voiture avait son moteur, comme une voiture à deux chevaux ; et l'une et l'autre machine pouvaient accroître, ou réduire, à volonté, leur puissance « absolument, dit M. Séguier, comme si deux chevaux la traînaient, et que, pour tourner, le cocher ralentît l'allure de l'un, et accélérât l'allure de l'autre. »

Si les idées avaient continué de se porter sur les voitures à vapeur, elles auraient certainement conduit à la création définitive, et à l'emploi général de ce moteur sur les grandes routes ; Mais en 1830, le grand coup de théâtre de la découverte des locomotives, vint subitement couper court à ce genre d'études. La question de la locomotion par la vapeur, fut résolue avec tant d'éclat, d'une si éblouissante manière, par la découverte des locomotives destinées à glisser sur des rails de fer, que la question des voitures à vapeur destinées aux grandes routes, se trouva d'un coup, pour ainsi dire, supprimée.

Elle n'a reparu au jour que depuis peu d'années, par suite de la vulgarisation des locomobiles. En voyant les machines à vapeur agricoles se transporter aisément sur les routes des campagnes et les chemins vicinaux, malgré les inégalités et le frottement excessif de ces routes, on est revenu, peu à peu, à l'idée des voitures à vapeur.

La singulière facilité avec laquelle les *rouleaux compresseurs* circulent sur le macadam de la capitale, sans entraver la circulation, sans effrayer les chevaux, sans produire autre chose qu'un profond étonnement et une admiration naïve dans l'esprit des passants, ont aussi contribué, comme nous le disions plus haut, à tourner de nouveau les idées vers les voitures à vapeur.

Un habile constructeur de Nantes, M, Lotz aîné, a construit une *voiture à vapeur*, qui, soumise à différents essais, a donné d'assez bons résultats.

Les premières expériences de la *voiture à vapeur* de M. Lotz, eurent lieu à Nantes, en 1864.

De nouvelles expériences furent faites, à Paris, sur le quai d'Orsay, au mois d'août 1865, dans la partie comprise entre le palais du Corps législatif et le Champ-de-Mars. La locomobile de M. Lotz traînait une voiture contenant des voyageurs. Elle pouvait s'arrêter instantanément, tourner à volonté, et se diriger à travers les voitures et les passants.

Louis Figuier

Le 25 novembre 1865, la même expérience fut répétée, mais sur une plus grande échelle. Il s'agissait d'un véritable voyage. L'administration municipale de Paris avait chargé une commission de procéder à un essai attentif de la voiture à vapeur de M. Lotz. Le résultat de ce voyage a été consigné dans un journal de Paris. M. Bouchery rapportait comme il suit, dans ce journal, cette expérience intéressante.

« La machine, attelée d'un omnibus, devait partir du pont de l'Alma, pour se rendre à Saint-Cloud, en traversant le bois de Boulogne, monter la côte de Montretout, et revenir à Paris par Ville-d'Avray et le Point-du-Jour. Cet itinéraire, sans parler de son étendue (28 kilomètres à peu près), comportait, on le voit, tous les éléments de déclivité et d'obliquité indispensables pour constituer une expérience sérieuse. Celle d'hier a eu lieu en présence de MM. Tresca, sous-directeur du Conservatoire des arts et métiers ; Combes, directeur de l'École des mines ; Vallès, ingénieur en chef des Ponts et chaussées ; Jacquot, ingénieur en chef des Mines ; ces trois derniers membres de la commission nommée par M. le préfet de la Seine pour faire un rapport sur lès résultats donnés par la machine, et aussi en présence de plusieurs autres personnes appartenant au monde savant ou industriel.

L'appareil qu'il s'agissait de voir fonctionner est une machine de la force de 12 chevaux, et dont la chaudière est timbrée à 8 atmosphères. Le poids total de la machine, son chargement d'eau et de charbon compris, est de 8 000 kilos ; les jantes des roues ont une largeur de 20 centimètres ; la cheminée, articulée afin d'être baissée, s'il y a lieu, au passage des voûtes, a une hauteur de 4 mètres 22 centimètres.

La vitesse ordinaire de la machine est de 8 kilomètres à l'heure, et sa plus grande vitesse de 18 kilomètres environ. À petite vitesse, elle entraîne un poids de 18 à 20 000 kilos, et à grande vitesse, un poids de 5 000. La machine, si elle n'est pas attelée, peut tourner dans un rayon de 5 mètres, et attelée, dans un rayon de 8 à 9 mètres ; il faut, pour la conduire, trois hommes : deux mécaniciens, l'un à l'avant, l'autre à l'arrière, plus le chauffeur ; enfin, par force de cheval et par heure, elle use 3 kilog. et demi de charbon.

Maintenant, voici comment s'est effectué le voyage.

Départ du pont de l'Alma à 11 heures 45 minutes, avec une vitesse moyenne ; la machine entraine un long omnibus dans lequel ont pris place, soit à l'intérieur soit sur l'impériale, une vingtaine de personnes. On traverse le pont, on gagne l'Arc-de-Triomphe, on prend l'avenue de l'Impératrice. Les chevaux des véhicules ordinaires que l'on rencontre et ceux que montent des cavaliers dressent quelque peu l'oreille au passage de la machine, mais généralement sont maintenus ; les courbes du chemin sont décrites avec la plus grande facilité, les portes (quelques-unes ont quatre mètres au plus de largeur) sont aisément franchies. On arrive au bois de Boulogne en face de l'hippodrome de Longchamps ; on prend de l'eau.

Le voyage se poursuit à, peu près dans les mêmes conditions jusqu'à Saint-Cloud. Là se présente le premier obstacle sérieux : il s'agit de monter l'escarpement de la route impériale n° 185, ou route de Montretout, c'est-à-dire un plan incliné ayant 6 centimètres de pente par mètre : difficulté nouvelle, sur ce point la route est pavée. C'est après de pénibles efforts que la machine franchit les premiers pas de la rampe. En ce moment, elle marque 8 atmosphères ; mais enfin l'obstacle est vaincu, et, quoique usant toute sa force, la machine n'en dépense pas plus, ce nous semble, qu'il n'en faudrait à une grosse voiture de roulier pour accomplir le même travail.

Le reste du voyage s'effectue dans les meilleures conditions possibles. La côte de Montretout une fois dépassée, de Saint-Cloud à Ville-d'Avray, par le parc réservé, bon parcours, vitesse moyenne, 6 atmosphères. À Ville-d'Avray, nouvelle prise d'eau. Descente de la route de Sèvres, très-belle. À Sèvres, dernière prise d'eau. Sur la route de Sèvres, jusqu'à la barrière du Point-du-Jour, grande vitesse, 7 atmosphères. Arrivée au pont de l'Aima à 4 heures 7 minutes. Durée totale du voyage, temps d'arrêt compris (et ils ont été fréquents et longs), 4 heures 22 minutes. Voilà le récit fidèle, quoique abrégé, de l'excursion. »

Il nous reste à ajouter que la voiture à vapeur de M. Lotz a fait, sans encombre, au mois de septembre 1866, le voyage de Nantes à Paris.

Arrivée à Paris le 5 septembre, la voiture à vapeur de M. Lotz avait fait, en huit jours environ, la distance de 400 kilomètres qui sépare

Nantes de Paris.

Elle alla se remiser près du Champ de Mars, rue Desaix, à côté de l'usine de machines à vapeur de M. Flaud. Elle remorquait trois fourgons à deux roues, chargés des principales pièces d'un atelier et d'une maison de dépôt que M. Lotz fonde à Paris. Huit ouvriers accompagnaient ce convoi.

Après quelques jours passés à Paris, la locomobile de M. Lotz se rendit à Chelles, près de Versailles, pour commencer le service de transport auquel elle était destinée, dans les plâtrières de M. Parquin, situées non loin des ruines de la célèbre abbaye de Chelles.

Fig. 221. — Voiture à vapeur de M. Lotz, de Nantes.

La figure 221 représente, d'après nature, la voiture à vapeur de M. Lotz. Elle est de la force de 15 chevaux et pèse 10 tonnes. On voit qu'elle consiste en une locomobile ordinaire, dans laquelle l'appareil moteur est placé par-dessus la chaudière. Le piston du cylindre à vapeur, au moyen de la tige A, fait tourner une petite roue B, autour de laquelle s'enroule une chaîne à maillons, dont l'autre extrémité vient embrasser un tambour, qui fait tourner la roue motrice C. Le foyer est placé en D, entre les deux roues de derrière. E, est le réservoir d'eau qui doit alimenter la chaudière.

La direction de la voiture se fait par un levier placé en avant, et qui est mis en action par la main d'un conducteur.

Au moyen d'une barre d'attelage F, semblable à celles des wagons de nos chemins de fer, cette locomobile peut traîner des voitures pleines de marchandises, des wagons à voyageurs, etc.

Sur une route droite, n'ayant pas de pente au-dessus de 3 à 4 p. 100, sa vitesse de marche peut atteindre 20 kilomètres à l'heure, en remorquant une charge réelle de 4 500 kilogrammes. Sa vitesse moyenne est de 16 kilomètres à l'heure.

En petite vitesse, pour des transports de marchandises, sa marche est de 6 kilomètres à l'heure, en remorquant de 12 000 à 16 000 kilogrammes.

Cette machine peut franchir des rampes s'élevant jusqu'à 8 p. 100 ; mais alors en diminuant la charge, ou en réduisant la vitesse de la marche.

Un juge compétent, M. Tresca, sous-directeur du Conservatoire des arts et métiers, a été appelé à exprimer son avis sur la voiture à vapeur de M. Lotz. Nous trouvons son opinion sur cet appareil, formulée dans le *Bulletin de la Société d'encouragement* du mois de juin 1866.

M. Tresca apprécie, comme il suit, les avantages et les inconvénients de cette voiture à vapeur.

« La machine de M. Lotz, dit le sous-directeur du Conservatoire des arts et métiers ; ne se recommande par aucune invention bien précise. Elle est, d'une manière générale, douée d'une extrême rusticité, et c'est seulement en comparant sa construction générale avec celle des machines employées antérieurement, que l'on peut se rendre compte des efforts de persévérance qu'il a fallu dépenser pour vaincre, sous ce rapport, toutes les difficultés de la question. Il n'y a pas à craindre d'accidents en route de ce côté. Les roues sont larges, elles n'endommagent point le sol ; au contraire, en certains points elle a fonctionné comme un rouleau à vapeur en l'affermissant.

De petites difficultés se sont cependant produites.

Elle ne tourne pas toujours avec la précision désirable ; il faut perdre quelquefois du temps pour la manœuvrer dans les courbes.

Elle fait un bruit incommode, par l'échappement de la vapeur. M.

Lotz a essayé d'y remédier, en entourant la cheminée d'une double enveloppe remplie de sable, mais le résultat a été presque nul.

Hors des tournants, la manœuvre est facile ; elle arrête, elle dévie sans difficulté.

L'arrêt et le démarrage se font certainement avec plus de facilité que pour les voitures chargées, traînées par des chevaux. Il n'est pas impossible qu'on s'en serve bientôt, sans accidents, sur toutes les routes, sinon dans les rues plus fréquentées.

La terreur causée aux chevaux, et qui a motivé la réglementation anglaise, n'a pas été aussi grande qu'on aurait pu le penser.

Nous avons pris note de tous les chevaux rencontrés. Un sur cent s'est effrayé ; et encore, il faut bien le remarquer, c'étaient toujours des chevaux mal conduits ou qui n'étaient pas conduits du tout. Ce n'est pas là une difficulté sérieuse, et ce n'est pas ce qui arrêtera l'application des machines de traction.

Les cavaliers que nous avons rencontrés, et qui savaient manier leur cheval, n'ont eu aucune peine à surmonter la surprise de leur monture ; beaucoup d'entre eux nous ont suivis pour habituer leurs chevaux au bruit, et ils y ont toujours réussi. Il y a bien quelque bête qui s'est effrayée au premier abord, qui a regimbé, s'est jetée dans des écarts, mais, sous la main d'un écuyer habile, expérimenté, la frayeur du cheval a été bien vite domptée.

Il faudra dire de la machine à traction employée sur les routes ce qu'on a dit des carrosses ; on s'en est effrayé d'abord, et au bout de peu de temps, ils sont devenus de l'usage le plus ordinaire.

Il s'agit de savoir maintenant quel peut être l'emploi de la machine de traction sur les routes ordinaires, au point de vue économique.

Le domaine des machines de traction ne peut s'établir que par comparaison avec les chemins de fer et avec le service des attelages.

Sur le chemin de fer, la traction est réduite à $1/250^e$ du poids à transporter, au lieu de $1/20^e$ sur route ordinaire ; par conséquent, la voie de fer est dix fois plus économique que la route ordinaire, sous ce rapport.

Pour le matériel roulant, l'entretien est le même dans les machines employées sur les routes ordinaires que dans celles qui roulent sur les chemins de fer.

Mais voici où est le grand avantage. Les frais d'établissement de la voie sont réduits à zéro pour les machines de traction, tandis que c'est la dépense capitale pour un chemin de fer. Il en résulte que les chemins de fer ne peuvent s'établir qu'en vue des grands trafics, dont les bénéfices qu'on a droit d'en attendre sont nécessaires pour payer les intérêts du capital considérable employé à l'établissement de la voie.

C'est le contraire qui a lieu pour les machines de traction. Ici on peut avoir en vue le service de trafics peu considérables ou intermittents, et c'est même là qu'est l'avenir de ces nouvelles machines. Cependant voici qu'une compagnie se propose de traverser le mont Cenis sur des rails posés sur le bord de la route de terre et qu'elle compte sur la diminution, ainsi obtenue dans les frais de traction, pour se rembourser utilement de toutes ses avances, avant même que le grand tunnel ne soit terminé.

Si nous comparons maintenant la machine avec le cheval de roulage, voici ce que nous trouvons.

Il faut dire d'abord que le plus fort cheval de roulage n'a pas la force d'un cheval de vapeur. Quand Watt eut à fixer l'unité de comparaison nécessaire pour déterminer la puissance de sa machine, il choisit dans l'écurie de Boulton le meilleur cheval, et il mesura sa puissance ; il la trouva de 75 kilogrammètres, et c'est le chiffre qu'il adopta ; mais le cheval de Boulton est une exception, et il se rencontre peu de chevaux qui développent une pareille puissance.

La machine de M. Lotz pèse 9 000 kilogrammes, et elle peut développer 20 chevaux de 75 kilogrammètres. Chaque cheval produit a donc à se traîner lui-même à raison de 360 kilogrammes, ce qui donne, lieu à un effort de traction de 18 à 20 kilogrammes ; le poids utile vient après.

Mais le cheval de chair mange et consomme lors même qu'il ne travaille pas. La machine de traction ne consomme qu'en raison du travail qu'on lui demande, et c'est là un grand avantage, on en doit convenir.

Un autre avantage est celui-ci :

Les routes ordinaires ne sont pas de niveau ; il y a des côtes fréquentes. Quand on les rencontre, il faut des chevaux de renfort ;

cette dépense n'a pas lieu pour la machine de traction, qui donne des coups de collier à volonté, sans fatigue disproportionnée pour ses organes.

Les machines de traction ont ainsi une place intermédiaire marquée entre la voie de fer et le roulage ; elle s'adresse aux cas dans lesquels elle peut mieux satisfaire, sous le rapport de la moindre installation ou du moindre prix de revient. Cette place sera mieux définie par les résultats mêmes d'une expérience suivie. »

Au mois de juillet 1866 le *Journal de l'Aisne* parlait d'une autre voiture à vapeur qu'il nommait « locomobile routière, » et qui aurait été expérimentée avec avantage sur la rampe de Laon.

« Une locomobile routière, construite par la maison Albaret et Cie, de Liancourt, a descendu, disait le *Journal de l'Aisne*, la rampe de Laon à la gare avec une vitesse moyenne de 8 kilomètres à l'heure. Cette rampe a été gravie ensuite en huit minutes, avec 5 000 kilogrammes de charge, et 5 atmosphères de pression seulement.

Cette expérience s'est faite plusieurs fois dans les mêmes conditions ; elle fait supposer, après calculs faits, que cette machine a une puissance de traction pour remorquer, à Laon, 30 000 kilog. environ, avec une vitesse de 4 à 6 kilomètres à l'heure.

Sans aucun doute, il y a encore bien des améliorations, bien des perfectionnements à apporter à ce genre de transport ; mais on peut affirmer que le jour n'est pas éloigné où les transports seront exécutés sur les routes au moyen de ces machines seules. »

Un arrêté ministériel du mois de mai 1866, a autorisé la circulation des voitures à vapeur sur les routes ordinaires, et fixé les conditions auxquelles doit satisfaire tout entrepreneur qui voudra établir un service de transport public, avec un appareil de ce genre.

Nous ne savons pas si l'on profitera beaucoup de cette autorisation ministérielle, et si le service public des voitures à vapeur est appelé à quelque réalité sérieuse. Quoi qu'il en soit, nous constatons l'état présent des choses.

On voit que, sans faire, à proprement parler, un pas en arrière, la question de la locomotion par la vapeur, revient, en ce moment, à son point de départ. Elle finit par où elle avait commencé. Nous avons vu, dans l'histoire des chemins de fer, que dès la découverte de la machine à vapeur à haute pression, les efforts des savants se portèrent sur la création des voitures mises en action par cet agent. Nous retrouvons, de nos jours, les tentatives faites entièrement dans le même sens. Ainsi la science paraît se retourner et comme revenir sur elle-même. Olivier Evans donne la main à M. Lotz ; Trevithick et Vivian à M. Albaret. C'est le serpent qui se mord la queue, suivant le symbole profond des prêtres et des savants de l'ancienne Egypte.

Nous ne saurions mieux terminer qu'en rappelant les signes mystérieux de la science des premiers âges du monde, cette histoire descriptive de la machine à vapeur.

ISBN : 978-1519169730

Louis Figuier

www.ingramcontent.com/pod-product-compliance
Lightning Source LLC
Chambersburg PA
CBHW071005180526

45168CB00003B/1292